BEI GRIN MACHT SICH IHR WISSEN BEZAHLT

AF148267

- Wir veröffentlichen Ihre Hausarbeit,
  Bachelor- und Masterarbeit

- Ihr eigenes eBook und Buch -
  weltweit in allen wichtigen Shops

- Verdienen Sie an jedem Verkauf

Jetzt bei www.GRIN.com hochladen und kostenlos publizieren

Nils Hermans

Neue Konzepte im Güterverkehr

GRIN Verlag

Bibliografische Information der Deutschen Nationalbibliothek:

Die Deutsche Bibliothek verzeichnet diese Publikation in der Deutschen National-
bibliografie; detaillierte bibliografische Daten sind im Internet über http://dnb.d-
nb.de/ abrufbar.

Impressum:

Copyright © 2004 GRIN Verlag GmbH
Druck und Bindung: Books on Demand GmbH, Norderstedt Germany
ISBN: 978-3-640-31916-9

Dieses Buch bei GRIN:

http://www.grin.com/de/e-book/43246/neue-konzepte-im-gueterverkehr

GRIN - Your knowledge has value

Der GRIN Verlag publiziert seit 1998 wissenschaftliche Arbeiten von Studenten, Hochschullehrern und anderen Akademikern als eBook und gedrucktes Buch. Die Verlagswebsite www.grin.com ist die ideale Plattform zur Veröffentlichung von Hausarbeiten, Abschlussarbeiten, wissenschaftlichen Aufsätzen, Dissertationen und Fachbüchern.

Besuchen Sie uns im Internet:

http://www.grin.com/

http://www.facebook.com/grincom

http://www.twitter.com/grin_com

RWTH Aachen

Geographisches Institut

Wirtschaftsgeographisches Grundseminar

WS 04/05

Thema der Arbeit:

Neue Konzepte im Güterverkehr

und ihre raumwirksame Bedeutung

Vorgelegt von: Nils-Holger Hermans

Aachen, den 15.10.04

Inhaltsverzeichnis

Abbildungsverzeichnis

Einleitung

Schon seit Jahren steht man vor dem selben Problem: Steigendes Verkehrs-
aufkommen und begrenzte Kapazitäten. Allein von 1991 bis 1995 stieg die
Verkehrsleistung im Straßengüterverkehr von 144 auf 200 Mrd. Tonnenkilometer,
(Kanzlerski/Lutter 1998:1) und laut Prognosen der Bundesverkehrswegeplanung
soll sich dieser Trend auch weiter fortsetzen. Bis 2010 wird ein Anstieg im
Straßengüterverkehr um weitere 50% erwartet. Dieser Zuwachs an Verkehr bringt
„[...] angesichts zunehmender ökologischer und infrastruktureller Engpässe die
Notwendigkeit einer gesamtwirtschaftlich effizienteren Nutzung aller
Verkehrsmittel" (Hoeltgen 1993:1) mit sich. Ein Ausbau der Verkehrsnetze ist in
diesem Fall nahe liegend, um dem „Verkehrsinfarkt" vorzubeugen, doch bringt
dieser erzwungene Ausbau auch Probleme mit sich. Bereits heute kommt es in
hohem Maße zur Landschaftszerstörung und Flächenzerschneidung
(Kanzlerski/Lutter 1998:1) und auch „die dem Wachstum des Lkw-Fernverkehrs
zugrunde liegenden ökonomischen Ursachen sind von der Raum- und
Verkehrsplanung begrenzt zu beeinflussen" (Hesse/Bukold 2001:110).
Um dem Verkehrskollaps und der Zerstörung der Umwelt entgegenzuwirken
müssen neben dem Ausbau des Verkehrsnetzes neue Transportkonzepte erarbeitet
werden. Diese Konzepte müssen nicht zwingend technische und neue
Innovationen beinhalten sondern, können auch „alte" Technologie neu
organisieren. All diese neuen Konzepte und Ideen gehen natürlich nicht spurlos an
ihrer Umgebung vorbei, sondern haben auch eine Wirkung auf den sie
umgebenden Raum. In dieser Hausarbeit wird versucht, die raumwirksame
Bedeutung von kombiniertem Verkehr und Hochgeschwindigkeitsverkehr
herauszuarbeiten. Zunächst einmal sollen einzelne Verkehrsträger und der Begriff
der Raumwirksamkeit vorgestellt werden, um dann auf die Konzepte und ihre
raumwirksame Bedeutung eingehen zu können. Abgeschlossen wird diese Arbeit
mit einem Fazit in dem die Ergebnisse nochmals kurz zusammengefasst
dargestellt werden und ein Ausblick auf die weitere Entwicklung von Raum und
Verkehr gegeben wird.

Der Begriff der Raumwirksamkeit

Raumwirksamkeit ist vor allem in der Wirtschaftsgeographie ein wichtiger Begriff, der allerdings auch ebenso weit gefasst ist. Er ist Ausdruck dafür, wie sich menschliches Handeln auf den Raum auswirkt. Als raumwirksam werden z.b. Verhaltensweisen, Aktivitäten, Maßnahmen und Gesetze bezeichnet, die darauf ausgerichtet sind, Raumstrukturen und räumliche Prozesse zu verändern oder zu beeinflussen. (Leser 2001:683)

Die Raumwirksamkeit kann im Falle von Verkehrsmitteln entweder eine punktuelle oder lineare Ausrichtung haben, wie etwa beim Schienenverkehr, oder aber Flächendeckend bzw. streuend, wie im Straßenverkehr.

Die Raumwirksamkeit einzelner Verkehrsträger und ihre Vor- und Nachteile

Ein Verkehrsträger ist ein „Verkehrsmittel, das ein bestimmtes Verkehrsaufkommen in einem Raum bewältigt"(Leser 2001:950). In Abhängigkeit von der Transportstrecke, dem Ausbauzustand und den zu transportierenden Gütern werden unterschiedliche Verkehrsträger in Anspruch genommen. Diese Wahl des Transportmittels hängt von der Wirtschaftlichkeit ab. Es gilt in der Regel, ein Verkehrsmittel zu wählen, das neben der wirtschaftlichen auch der natürlichen Transportfähigkeit des Gutes am besten entspricht. Die Wahl unter den konkurrierenden Verkehrsträgern wird durch die Qualität der Beförderungsleistung und den technischen Eigenarten entschieden. Unter der Qualität einer Beförderungsleistung versteht man folgende Punkte: Transportdauer, Regelmäßigkeit, Pünktlichkeit, Sicherheit, Kosten und Umweltverträglichkeit. (Oelfke 2002:19) Die Vorteile zwischen den einzelnen Verkehrsträgern werden durch die naturräumlichen Bedingungen des Verkehrsgebietes, der jeweiligen Erschließung und den technischen Entwicklungsstand bestimmt. Am Beispiel der Binnenschifffahrt würde dies bedeuten, dass mit dem Verladen des Containers die Vorteile der Binnenschifffahrt enden.

Eisenbahn

Die Eisenbahn war das Verkehrssystem, welches die Grundlage zur Industrialisierung bildete. Es eignet sich aufgrund der Möglichkeit zur Zugbildung besonders zum massenhaften Gütertransport und der Bündelung von Transporten. Weil binnen kürzester Zeit größere Entfernungen überwunden werden können, kann man hier auch von einem schnellen Massenverkehrsmittel sprechen. Vor allem nachts werden im so genannten Nachtsprung große Gütermengen zwischen den wirtschaftlichen Ballungsgebieten befördert. (Oelfke2002:19) Um allerdings die Vorteile der Bahn kostengünstig nutzen zu können, benötigt man sowohl am Absende- als auch Empfangsort ein Lade- und Anschlussgleis an, das an das Netz der Bahn angeschlossen ist.

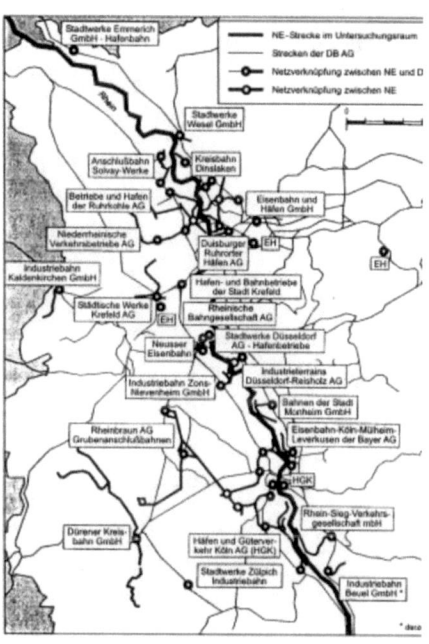

Die räumliche Wirkung der Bahn ist im Allgemeinen linienhaft und begrenzt dezentralisierend. Die preislich und technisch ermöglichte Überwindung großer Entfernungen hat dazu geführt, dass sich vor allem material-intensive Industrien an Bahn-linien ausgerichtet haben. (Voppel 1999:127)

Abb. 1 Schieneninfrastruktur entlang des Rheins (Hesse/Bukold 2001:117)

6

Kraftverkehr

Die Vorteile des Kraftverkehrs liegen in der Straßengebundenheit. Durch das weit verzweigte Straßennetz können Lkws auch entlegene Ansiedlungen erreichen, die von anderen Verkehrsträgern nicht oder nur unzureichend erreicht werden können. Das gut ausgebaute Straßensystem erlaubt einen direkten Punkt-zu-Punkt-Verkehr, ohne dass ein Umladen nötig wäre. Dies führt vor Allem auf Kurzstrecken zu kürzeren Transportzeiten als bei der Bahn. Zu nennende Nachteile des Kraftverkehrs sind die starke Witterungsabhängigkeit und der nur bedingt mögliche Einsatz beim Massengutverkehr. (Oelfke 2002:20) Die räumliche Wirkung durch den Kraftverkehr ist abhängig vom Ausbauzustand des Straßennetzes und ist im Allgemeinen potentiell dezentralisierend. Sie ist flächendeckend und trägt zur Zerstreuung regionaler Strukturen bei. (Voppel 1999:128)

Binnenschifffahrt

Die Vorteile der Binnenschifffahrt sind wie bei Lkw und Eisenbahn in den Eigenarten des Verkehrsweges begründet. Es handelt sich hierbei um Wasserstraßen, Flüsse, Seen und Kanäle. Außer den Schifffahrtsabgaben ist die Nutzung dieser Verkehrswege frei, so dass nur noch Antriebskosten anfallen, was Binnenschiffe zu kostengünstigen Transportmitteln macht. Typisch ist vor allem der Transport von Schüttgut wie Kohle, Erz, Sand, Getreide, sowie ungewöhnlich großen und schweren Gütern. (Oelfke 2002:20) Nachteilig sind allerdings die niedrige Geschwindigkeit der Schiffahrt und eine Reihe natürlicher Einflüsse, wie vor Allem Wasserführung, Strömungsgeschwindigkeit und Gefälle des Flusses. Ein weiter Nachteil ist die fehlende Netzbildung. „Nur dort, wo leistungsfähige Nebenflüsse vorhanden sind, kann eine Verzweigung die Erschließung auflockern"(Voppel 1999:125). Die Raumwirksamkeit der

Binnenschifffahrt ist daher linear bis punkthaft konzentriert. „Am Rhein sind, abgesehen vom Ruhrgebiet, großbetriebliche Standorte der chemischen Grundstoffindustrie von Raffinerien und Zementfabriken sowie von Verarbeitungsstätten landwirtschaftlicher Rohstoffe linear konzentriert."(Voppel 1999:125)

Neue Konzepte im Güterverkehr

Welche Voraussetzungen müssen neue Konzepte erfüllen

Vor dem Hintergrund der Umweltbelastung und dem drohenden Verkehrsinfarkt werden immer wieder neue Verkehrskonzepte gefordert um den Güterverkehr von der Straße auf andere Verkehrssysteme zu verlagern. Dies ist jedoch nicht so einfach, da die Argumente der Umweltbelastung und des hohen Verkehrsaufkommens für die Anbieter meist wenig überzeugend sind. Von Seiten der Speditionen spielt besonders der Wunsch nach Kostensenkungen eine große Rolle. Eine Befragung im Emscher-Lippe-Raum und im Raum Münster ergab, „dass bei entsprechendem Verkehrsangebot und einem angemessenen Preis-Leistungs-Verhältnis nahezu zwei Drittel der [27] befragten Unternehmen ihre Transporte verlagern würden [...]"(Kreft-Kettermann 2002:80). Neben der betriebswirtschaftlichen Kernforderung der Kostensenkung kommt auch noch das Servicebedürfnis des Kunden hinzu, also die Notwendigkeit von verkürzten Transportzeiten, Flexibilität, Fehlerrobustheit und dementsprechend terminliche Zuverlässigkeit. (Juchelka 2002:54) Im Großen und Ganzen sind dies also die Forderungen, welche die Beförderungsqualität betreffen.

Güterverkehrszentren und Kombinierter Verkehr als Konzept

Kombinierter Verkehr spielt eine wichtige Rolle im Güterverkehr. Einhergehend mit Kombiniertem Verkehr sind auch Güterverkehrszentren und Logistik von großem Interesse.

Ein Güterverkehrszentrum (GVZ) ist eine „Zusammenfassung mehrerer rechtlich selbstständiger Firmen auf einem größerem Areal zur Verminderung der Verkehrsbelastung" (Heimes 1999:87). Es ist eine Schnittstelle von mindestens zwei verschiedenen Verkehrsträgern (z.B. Straße und Schiene), an der auch zahlreiche Betriebe wie Spediteure und Logistikunternehmen angesiedelt sind. „Dem GVZ kommt daher potentiell die Funktion eines *intermodalen* Verkehrknotenpunktes zu" (Höltgen 1993:1). Ebenso versucht man auch als Schnittstelle zwischen Straßengüterfern- und Nahverkehr zu fungieren. Hierbei soll der städtische Verkehr durch koordinierte Lieferfahrten mit stadtverträglichen Fahrzeugen entlastest werden. Man spricht auch davon, dass der Fernverkehr „gebrochen" wird. (Hoeltgen 1992:710f)

Der Begriff der Logistik kommt ursprünglich aus dem Militärwesen. Er leitet sich aus dem griechischen Wortstamm logos (Verstand, Rechenkunst) ab. Während des Zweiten Weltkrieges führten die Nachschubprobleme der US-Streitkräfte zu einer verstärkten Hinwendung zu mathematischen Lösungen für Transport-, Umschlags und Lagerungsprozesse. Die dadurch gewonnenen Planungsmodelle für den Gütertransport wurden in den 50er Jahren auch in den zivilen Bereich übertragen. (Oelfke 2002:483)

Heute bedeutet Logistik weitgehend Übernahme von Transport, Lagerung, Umschlag, Verpackung und Auftragsabwicklung. Auch in Verladekreisen findet Logistik eine immer größere Bedeutung. (Heimes 1999:120) Im Zusammenhang mit Kombiniertem Verkehr bedeutet Logistik aber auch Rationalisierung, z.B. durch Firmen-Kooperationen mit möglichst wenig Fahrzeugen und Fahrten eine konstante Menge an Gütern zu transportieren. Im Zusammenhang mit GVZs soll die so genannte City-Logistik „durch eine bessere Koordination des Lieferverkehrs zur Entlastung der Innenstädte beitragen" (Hoeltgen D.1993:159). Güterverkehr ist sehr wichtig für die Städte, denn allein der Lieferverkehr für den

Handel ist zur Versorgung von Wirtschaft und Bevölkerung unverzichtbar.
(Hesse/Bukold 2001:107)

Unter Kombiniertem Verkehr versteht man den Transport von Gütern über große Distanzen unter Einsatz von mehreren Verkehrsträgern, wobei versucht wird die einzelnen Vorteile der Verkehrsträger zu nutzen. So wird z.b. zur Überbrückung von langen Strecken die Bahn genutzt und für den Vor- und Nachlauf der LKW. Als Kombinierter Verkehr im engeren Sinne kann also der Wechsel transportierter Gütern von einem auf einen anderen Verkehrsträger, z.b. von und in Behälter, wie Container und Wechselpritschen, bezeichnet werden. Massen- und Schüttgüter wie Kohle, Getreide, Schrott oder Erze, welche sich nicht in speziellen Transportgefäßen befinden, werden ebenso von einem Verkehrsträger auf den anderen, zum Beispiel vom Schiff auf die Bahn verladen. Hierfür sind große Infrastrukturen wie Umschlagshallen, Lagerhäuser, Siloanlagen, Anlagen für die Lagerung von Flüssiggütern, Container-Terminals und Freilager nötig.

Ein Gegenstand der Logistik ist die Steuerung und Planung von Raum-überwindung und Zeitkoordination. Dieser Prozess ist im hohen Maße raumwirksam, vor allem aufgrund der hohen Flächennutzungsansprüche für GVZ-Standorte und kombinierten Verkehr. (Hesse 1999:227) Die Standortentscheidung fällt hier meist zugunsten städtischer Peripherien aus, was besonders durch die Faktoren Fläche und Erreichbarkeit beeinflusst wird. Dies liegt meist daran, dass das Angebot an Fläche außerhalb der Städte größer ist. Auch die Lärm- und Umweltbelastung ist außerhalb weniger störend. Allerdings beschleunigen solche großflächigen Standorte auch den Verbrauch von Siedlungsfläche und erzeugen in hohem Maße Verkehr. Die Ansiedlung außerhalb der Städte trägt auch zur tendenziellen Auflösung der Stadt, wenigstens aber zur Suburbanisierung bei. (Hesse 1999:227ff) Dies führt auch dazu, dass Funktionen und Standorte nach und nach abwandern. Es kommt also neben der Suburbanisierung zu einer funktionalen Zentralisierung, was auch Zweck eines GVZ und Logistikzentrum ist. Dieses „nach-außen-Abwandern" führt aber dazu, dass nicht nur ein Teil der städtischen Einnahmen verloren gehen, sondern auch zukünftige Investitionen ausbleiben. „Diese räumliche Peripherisierung verläuft parallel zu einer funktionalen Zentralisierung der Distribution im Rahmen der Generierung logistischer Netze [...]" Hesse 1999:231)

Aus einzelnen Ort-zu-Ort-Verbindungen entsteht ein so genanntes Hub-and-Spoke-System mit verschiedenen sich herausbildenden Verkehrskorridoren. „Zu klassischen Netzknoten [...] gehören Hafenstandorte, ebenso wie Güterbahnhöfe, Distributions- und Umschlagszentren im Binnenland" (Hesse 1999:231). Ein Beispiel für ein solches Hub-and-Spoke-System wäre der Flugverkehr der Airline XY. Diese Fluglinie sieht z.b. den Flughafen Frankfurt als Hub in Ihrem System. Alle Innerdeutschen Flüge dieser Airline, die als Zubringerflüge bezeichnet werden können, kann man als so genannten „Feeder" für die Transatlantikflüge sehen. Die Passagiere der Zubringerflüge werden in Frankfurt "gesammelt" bzw. "gebündelt", um sie dann z.b. nach Chicago oder Tokio zu fliegen. Ähnliches geschieht mit Gütern. Diese werden in einem Hub gesammelt und dann gebündelt an ihre Destination gebracht. Dies führt zu weniger Einzelverbindungen, diese sind dann jedoch im Idealfall komplett ausgelastet und es kommt zu weniger Leerfahrten welche ebenfalls Kosten und Umweltschäden verursachen, aber keinen nutzen brächten.

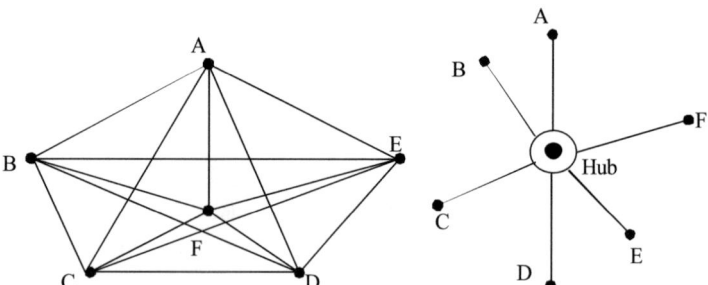

Abb. 2 Das Hub-and-Spoke-System (nach Hoeltegen 1992:711) Einzelne direkte Verbindungen (15 Stück) in der Fläche werden durch indirekte Verbindungen (6 Stück) über eine Knotenpunkt ersetzt.

Frachthochgeschwindigkeit als Konzept

Ein weiteres Konzept im Güterverkehr ist der Transport von Fracht über das Hochgeschwindigkeitsnetz der Bahn. Man versucht hier an die Erfolge des Hochgeschwindigkeitspersonenverkehrs anzuknüpfen. Frachthochgeschwindigkeit meint die Beförderung von Gütern in genormten Ladeeinheiten mit Geschwindigkeiten über 200 km/h, was im Vergleich zu den derzeitigen Geschwindigkeiten im Bahnnetz von 100-110 km/h einen großen Vorteil bedeuten würde. (Juchelka 2002:57) Man orientiert sich hier an Vorläufern wie dem französischen TGV-Postal oder dem spanischen AVE. Allerdings sind die Ladungsgrößen in solch speziell für Hochgeschwindigkeit ausgelegten Fahrzeugen stark eingeschränkt, so dass man hier statt 20- oder 40 Fuß Container, ähnlich wie im Luftfrachtverkehr, auf 10-Fuß Einheiten zurückgreifen muss. (Juchelka 2002:57) Dementsprechend kommen auch nur bestimmte Gütersegmente, wie die Übernahme von Luftfracht oder Luftpost, Fertigwaren und eilbedürftige Güter in Frage. Dies könnte jedoch wiederum positive Effekte auf andere Verkehrsmittel haben. Durch eine Verlagerung der Luftfracht auf die Schiene wäre z.B. mehr „Slots" für Passagierflüge frei.
Als Betriebskonzepte für Frachthochgeschwindigkeit bietet sich, entgegen dem Kombinierten Verkehr, das Hub-and-Spoke-System, als auch die Punkt-zu-Punkt-Verbindungen an. (Juchelka 2002:58f) Der Standort für solch ein Hub könnte z.B. ein bereist existierender Umschlagpunkt sein, so dass man an bereits existierende Verbindungen zu anderen Verkehrsträgern anknüpfen könnte ohne auf der „grünen Wiese" ein Neues Hub errichten zu müssen.
Die Raumwirksamkeit bei dieser Art des Gütertransports ergibt sich aus der Geschwindigkeit und der Entfernung. Durch die dann schneller überbrückbare Entfernung wächst der Aktionsradius und die bisherigen räumlichen Verflechtungen gehen über ihre bisherigen Grenzen hinaus. Ebenso kommt es zu einer Bedeutungsverschiebung innerhalb des Zentrale-Orte-Systems. Nicht angebundene Regionen werden allerdings in der Entwicklung ihrer Struktur benachteiligt. (Schütz 1998:374) Alles in allem hat der

Hochgeschwindigkeitsverkehr eine konzentrierende Wirkung an den Haltepunkten, ähnlich wie es beim Kombinierten Verkehr an den Güterverkehrszentren der Fall ist.

Fazit

Sowohl im Konzept des Kombinierten Verkehrs als auch im Konzept der Frachthochgeschwindigkeit kommt es zu einer konzentrierenden Wirkung. Bedeutende Funktionen werden zentralisiert, weniger wichtige Funktionen verdrängt und es kommt zu einer Verschiebung der zentralen Orte. Eine wichtige Voraussetzung ist allerdings auch das Vorhandensein der Fläche und der entsprechenden Infrastruktur wie z.B. Bahnanbindungen oder Zugang zum Autobahnnetz. Ohne diese Voraussetzungen erscheint die Errichtung eines Hubs oder GVZ eher sinnlos und zu aufwendig. Diese Vorraussetzungen sind allerdings nur in den stadtnahen Regionen und Ballungsgebieten optimal zu realisieren, so dass ländlichere Gebiete hier, trotz der Flächendeckend Straßenvernetzung, benachteiligt wären.

Beide hier vorgestellte Konzepte sind zukunftsweisend. Allerdings ist der Kombinierte Verkehr nicht wirklich neu, sondern wird, als Konzept an sich, immer wieder weiterentwickelt. Die EU ist in diesem Zusammenhang sehr aktiv und fördert jedes Jahr in Rahmenprogrammen neue innovative Projektvorschläge und Konzepte, die zur Verbesserung des Systems beitragen können. Ein Beispiel hierfür wäre „Ausgestaltung von Terminals für den Kombinierten Ladungsverkehr"

Allerdings birgt das Thema der neuen Konzepte auch einiges Konfliktpotential. Es treffen viele unterschiedlichen Interessen und Ansprüche aufeinander. So wird aus den Reihen der Frachtunternehmer mehr Wirtschaftlichkeit gefordert, während die Politik, Städte und Gemeinden auf umweltfreundlichere Konzepte pochen. Aus diesen Konflikten und den in dieser Arbeit vorgestellten Konzepten lassen sich abschließen einige Grundsätze für die Zukunft im Güterverkehr formulieren:

1. Die Logistik wird benötigt und den Verkehr effizienter zu organisieren

2. Der Flächenverbrauch ist zu minimieren und ein weiter Suburbanisierung zu vermeiden

3. Die Räumliche Arbeitsteilung ist zu optimieren um eine Verdrängung von Funktionen zu vermeiden

Literatur

Heimes, A. (1999): Handlexikon des Straßengüterverkehrs. 4.Auflage. Hamburg

Hesse, M. (1999): Der Strukturwandel von Warenwirtschaft und Logistik und seine Bedeutung für die Stadtentwicklung. In: Geogrpahische Zeitschrift, Jg.87, H 3+4,S.223-237.

Hesse, M. ; Bukold, S. (2001): Güterverkehr, Logistik und Raumentwicklung. In: Verkehr in Stadt und Region - Leitbilder, Konzepte, Instrumente. Forschungs- und Sitzungsberichte, Bd. 211, S.107-120.

Hoeltgen, D. (1993): Güterverkehrszentren und kombinierter Verkehr – Raumwirksamkeit europäischer Netze. In: Barsch D.; Karrasch H. (Hrsg.) (1995). 49. Deutscher Geographentag Bochum 1993.Band 4. Stuttgart, 1S.157-163.

Hoeltgen, D. (1992): Güterverkehrszentern – Knotenpunkte des Kombinierten Verkehrs im europäischen Binnenmarkt. In: Geographische Rundschau, Jg.44, H 12, S.708-715.

Juchelka, R.. (2002): Entwicklungsansätze zu einem Fracht-Hochgeschwindigkeitsverkehr der Bahn In: Osnabrücker Studien zur Geographie, Band 20, Seite 53-64.

Kanzlerski, D; Lutter, H (1998): Einführung: Tendenzen und Probleme der Verkehrsentwicklung. In: Informationen zur Raumentwicklung, Jg. , H.6, S.I-VI.

Kreft-Kettermann, H. (2002): Integriertes Güterverkehrskonzept für das Münsterland unter besonderer Berücksichtigung und Stärkung des kombinierten Ladungsverkehrs In: Osnabrücker Studien zur Geographie, Band 20, S.77-88.

Leser, H. et al. (2001): Diercke-Wörterbuch der allgemeinen Geographie. 12.Aufl., München

Oelfke, H et. al. (2002): Güterverkehr – Spedition – Logistik, Speditionsbetriebslehre. 35. Auflage. Troisdorf.

Schütz, E. (1998): Stadtentwicklung durch Hochgeschwindigkeitsverkehr. In: Informationen zur Raumentwicklung, Jg. , H.6, S.369-383.

Voppel, G. (1999): Wirtschaftsgeographie, räumliche Ordnung der Weltwirtschaft unter marktwirtschaftlichen Bedingungen Stuttgart, Leipzig.